·唤醒数学脑·

一共多少个？

〔日〕濑山士郎◎著 〔日〕中村广子◎绘 张 彤◎译

北京科学技术出版社

如果东西很多，我们就很难准确数出它们的个数。
据说很久以前，古希腊数学家阿基米德
想要算出能填满整个宇宙的沙粒的数量。
阿基米德最后计算的结果是，
沙粒的数量不会超过 10000000000000000000000000
00000000000000000000000000000000000000 颗，
这个数字是 1 后面加 63 个 0。

这里有很多只猫。

有的猫系着蝴蝶结，有的猫穿着靴子。

数数看穿靴子的猫有多少只，系蝴蝶结的猫有多少只。

“穿靴子的猫，请到这边集合。”

“系蝴蝶结的猫，请到那边集合。”

穿靴子的猫有 28 只，系蝴蝶结的猫有 53 只。

一共有多少只猫呢?

用加法算一下……28+53=81，那就是 81 只?

我们再数一数吧。
“无论是穿靴子的猫
还是系蝴蝶结的猫，请都到这边集合。”
哎呀！怎么只有 68 只猫？
这是为什么呢？

这是因为有些猫既穿着靴子又系着蝴蝶结，它们被数了 2 遍。

让我们数一下既穿着靴子又系着蝴蝶结的猫有多少只吧。

这样的猫一共有 13 只，被我们数了 2 遍。

因此，猫的正确数量应该是先把穿靴子的猫的数量和系蝴蝶结的猫的数量加起来，
然后再减去被数了 2 遍的猫的数量（既穿靴子又系蝴蝶结的猫的数量）。
28+53−13=68，应该一共有 68 只猫。
数东西个数的时候，如果最后不减去重复数了 2 遍的东西的个数，东西的总数就不对。
数东西个数的时候要注意这一点。

有一个班的学生都非常喜欢看书，

有些学生喜欢看故事书，有些学生喜欢看科普读物。

“喜欢看故事书的同学请举手。”

“接下来，喜欢看科普读物的同学请举手。”

班里的学生数是 25+18=43，43 个吗？

但是既喜欢看故事书又喜欢看科普读物的学生，2 次都举手了。

这些人被数了 2 遍。

“既喜欢看故事书又喜欢看科普读物的同学请举手。”这次有 6 个学生举手。

所以，班里的学生数应该是 25+18−6=37，一共有 37 个。

另外一个班有 41 个学生。这个班里竟然有女同学喜欢打棒球和踢足球。

在这个班里，20 个学生喜欢打棒球，26 个学生喜欢踢足球。

加起来是 46 个学生，超过了班级总人数。

这是因为有的学生既喜欢打棒球又喜欢踢足球。

“既喜欢打棒球又喜欢踢足球的同学请举手。”

一共有 10 人。

用同样的方法来计算，

20+26-10=36，但这比班里总人数 41 要少。

为什么呢？

因为有 2 次都没举手的学生。我们画一张图，大家就会明白了。

喜欢踢足球和打棒球的学生加起来是 36 个。班里一共有 41 个学生，

所以 2 次都没举手的学生数是 41−36=5，也就是有 5 个学生 2 次都没举手。

这 5 个学生既不喜欢打棒球也不喜欢踢足球。

那它们喜欢什么运动项目呢？

“游泳！”

接下来，归纳一下数数的方法吧。

在第一个例子中，

班里的学生数 = 喜欢看故事书的学生数 + 喜欢看科普读物的学生数 - 既喜欢看故事书又喜欢看科普读物的学生数。

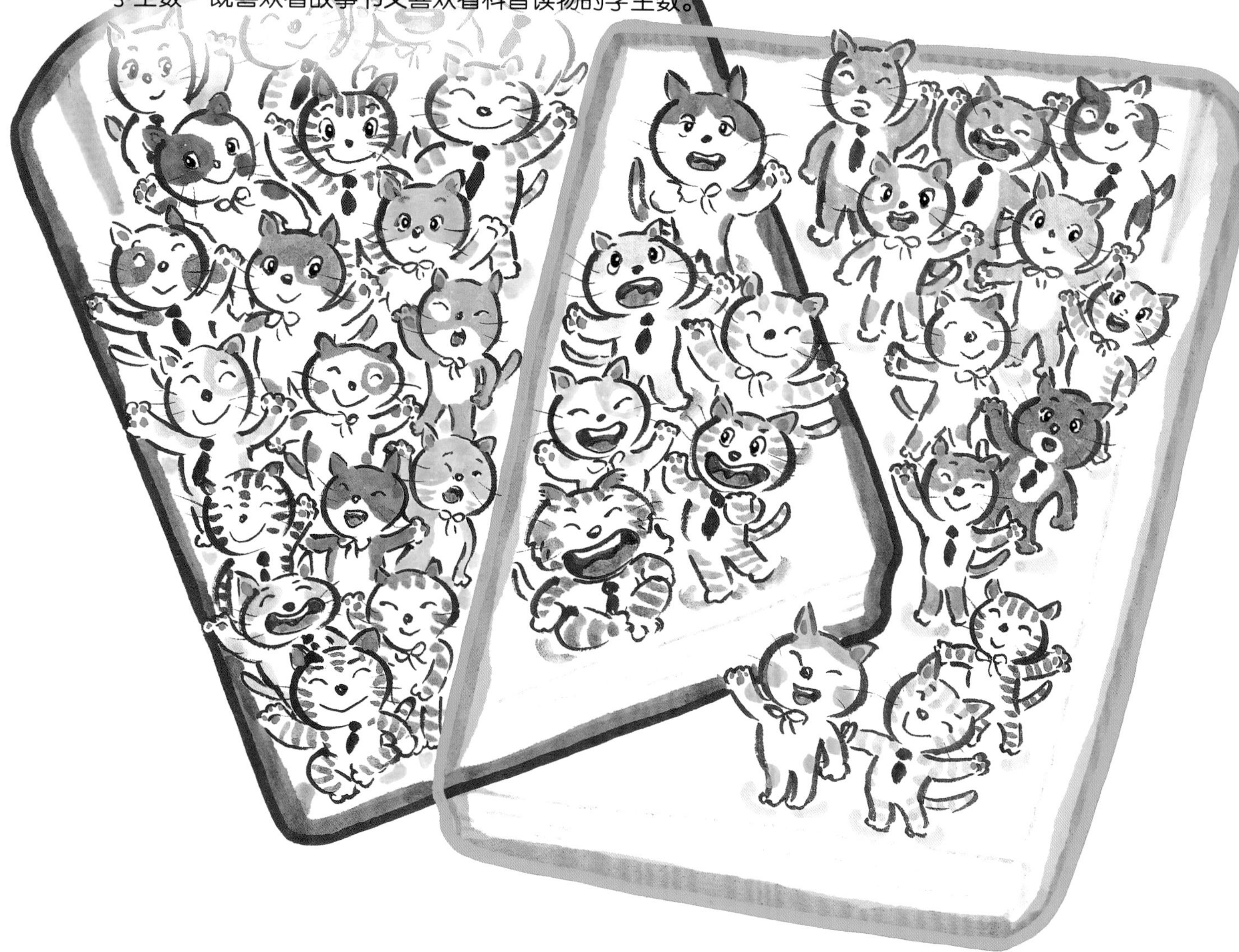

在第二个例子中，

喜欢打棒球和踢足球的学生数 = 喜欢打棒球的学生数 + 喜欢踢足球的学生数 − 既喜欢打棒球又喜欢踢足球的学生数。

因为有的学生被数了 2 遍，所以做完加法后要把被数了 2 遍的学生减去。

做一做下面这个游戏。

准备一些像黑白棋那样的一面为白色、另一面为黑色的棋子。

把 10 颗棋子在桌子上摆成一排，黑色面朝上。

先把第 2 颗、第 4 颗、第 6 颗、第 8 颗、第 10 颗棋子（共 5 颗）翻一下，让它们变为白色面朝上。

再从第 3 颗棋子开始，将序号是 3 的倍数的棋子翻一下。

也就是把第 3 颗、第 6 颗、第 9 颗棋子（共 3 颗）翻一下。

现在，有几颗棋子是白色面朝上呢？

第一次翻了 5 颗棋子，第二次翻了 3 颗棋子，

加起来是 5+3=8，也就是说 2 次一共翻了 8 颗棋子。

不过，第 6 颗棋子被翻了 2 次，所以被翻过的棋子

数是 5+3−1=7，也就是有 7 颗棋子。

但第 6 颗棋子被翻了 2 次，所以它又恢复到原来的样子了，

还是黑色面朝上。

因此，现在白色面朝上的棋子有

7−1=6，共 6 颗，

分别是第 2 颗、第 3 颗、第 4 颗、第 8 颗、第 9 颗、第 10 颗。

用 64 颗棋子玩一玩吧！

请把所有棋子都排成一排，黑色面朝上。

先将序号是 2 的倍数的棋子翻一下，

也就是将第 2 颗、第 4 颗、第 6 颗……棋子翻一下。

现在棋子就变成黑、白、黑、白、黑、白……这样的顺序了。

接下来，将序号是 3 的倍数的棋子翻一下。

也就是将第 3 颗、第 6 颗、第 9 颗……棋子翻一下。

现在，白色面朝上的棋子有多少颗呢？

刚开始翻的是序号是 2 的倍数的棋子。

64 颗棋子当中，一半的棋子，

也就是 32 颗棋子变成白色面朝上了。

接下来，翻的是序号是 3 的倍数的棋子。

64 ÷ 3=21……1，所以有 21 颗棋子被翻了。

那么，先将序号是 2 的倍数的棋子翻一下，
再将序号是 3 的倍数的棋子翻一下，
白色面朝上的棋子一共有 32+21=53 颗。
事实是这样吗？

其实，有一些棋子第一次翻面后由黑色面朝上变成白色面朝上，
然后在第二次翻面时又被翻过来，恢复成黑色面朝上了。
那么，第一次和第二次都被翻动的棋子，就是序号为 6 的倍数的棋子。
因此，第 6 颗、第 12 颗、第 18 颗……棋子，先由黑色面朝上变成白色面朝上，
接下来又由白色面朝上变回黑色面朝上了。

6
12
18

序号是 6 的倍数的棋子有多少颗呢？

64 ÷ 6=10……4，所以一共有 10 颗。

也就是说，这 10 颗棋子被数了 2 次，

所以第一次和第二次被翻动过的棋子总数

为 32+21−10=43，

一共有 43 颗棋子被翻动过。

其中，被翻动过 2 次的棋子
又恢复到黑色面朝上的状态。
因此，43-10=33，白色面朝上的棋子有 33 颗。
数数看吧。
1、2、3……33，确实有 33 颗棋子白色面朝上。

前面的这种计算思路，不仅可以用于数数，还可以用于其他方面。

我们来思考一下有关面积的问题吧。

将 2 张边长为 10 厘米的正方形彩纸，如下图所示叠在一起，得到的这个图形的面积是多少呢？

1 张彩纸的面积是 100 平方厘米，重叠部分是边长为 5 厘米的正方形，

重叠部分面积为 25 平方厘米。因此，从 2 张彩纸的总面积中减去重叠部分的面积，

100+100−25=175，这个图形的面积应为 175 平方厘米。

5 厘米
25 平方厘米
5 厘米

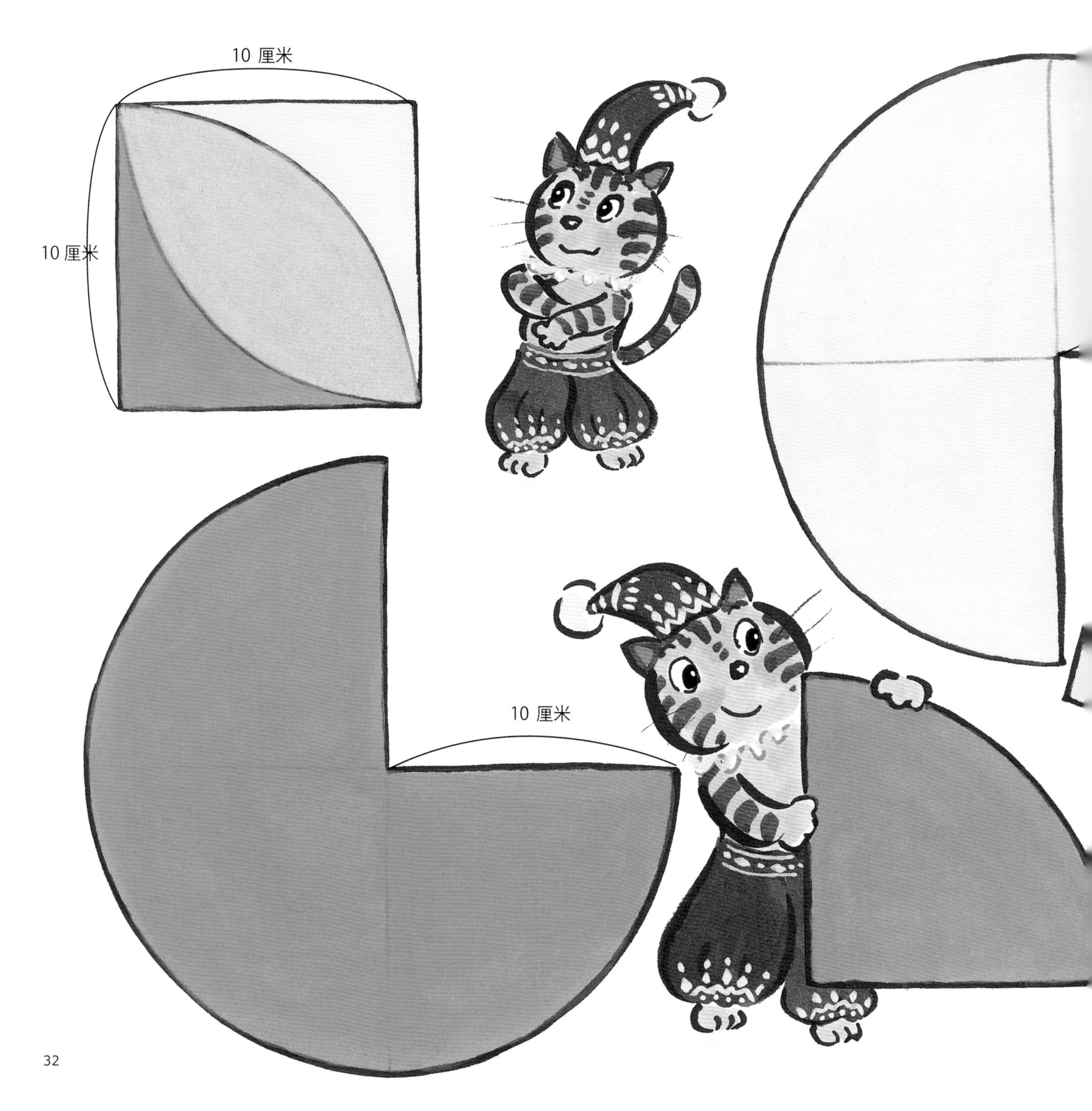
10 厘米
10 厘米
10 厘米

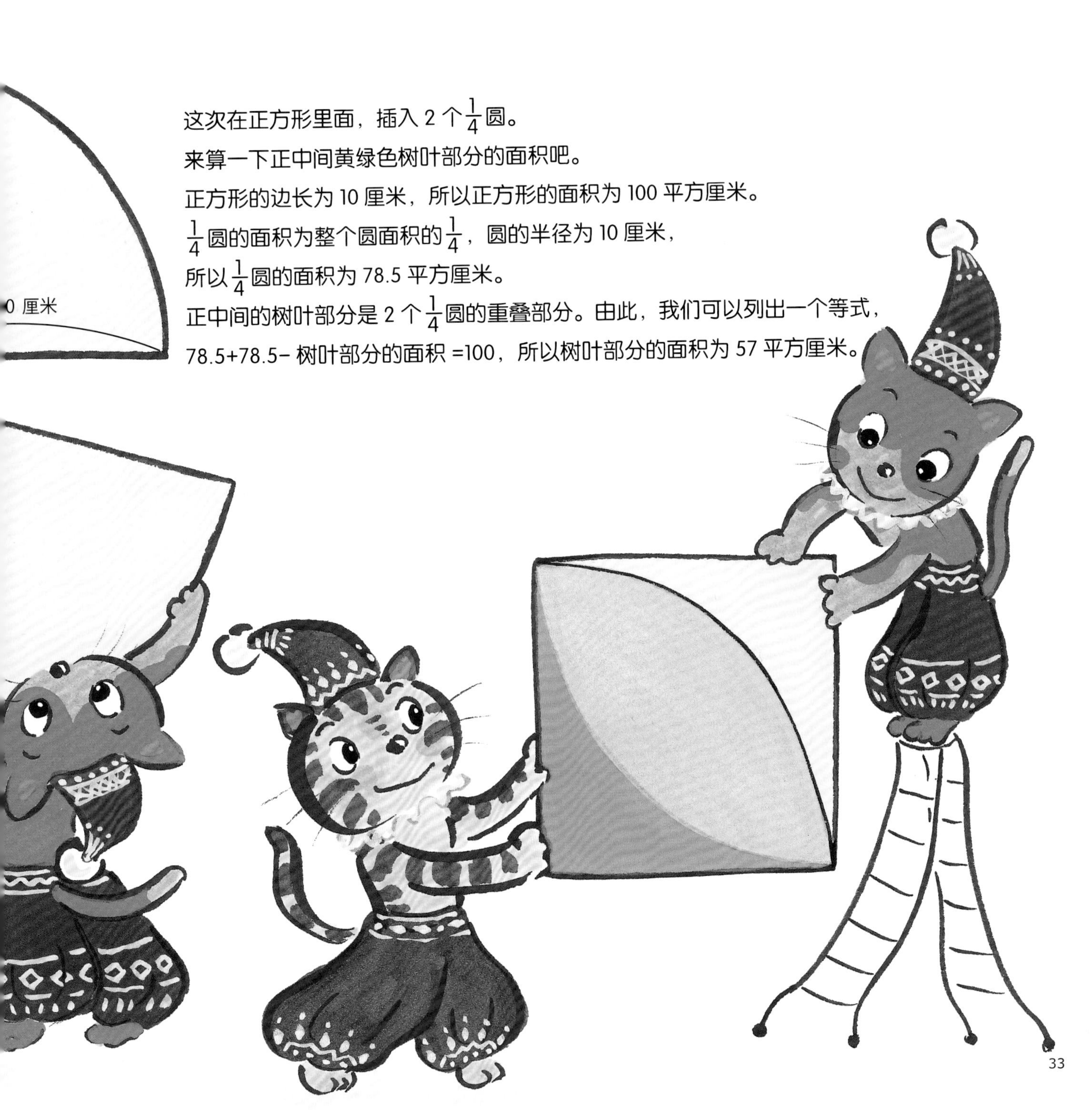

这次在正方形里面，插入 2 个$\frac{1}{4}$圆。

来算一下正中间黄绿色树叶部分的面积吧。

正方形的边长为 10 厘米，所以正方形的面积为 100 平方厘米。

$\frac{1}{4}$圆的面积为整个圆面积的$\frac{1}{4}$，圆的半径为 10 厘米，

所以$\frac{1}{4}$圆的面积为 78.5 平方厘米。

正中间的树叶部分是 2 个$\frac{1}{4}$圆的重叠部分。由此，我们可以列出一个等式，

78.5+78.5− 树叶部分的面积 =100，所以树叶部分的面积为 57 平方厘米。

作者的话

瀬山士郎

老老实实地数数，有时得到的东西的个数竟然会和实际的不同？那是因为同时考虑多个特点时，有时会将同一个东西重复数2遍。因此，如果不从总数中减去被重复数了2遍的东西的个数，就得不到正确的答案。这种计数方法被称为容斥原理，是数数时一个重要的思考方法。本书介绍的方法是减去数了2遍的东西，但即使某些东西被重复数了3遍或更多遍，这个原理也是成立的。

一般来说，要计算几个有限集合A1、A2……An的个数时，有一个可以避免重复数某个东西的公式。

将集合A的个数用｜A｜表示，如果是2个集合的话，就是

｜A和B之和｜=｜A｜+｜B｜-｜A和B的共同部分｜，

这就是本书中讲述的最简单的2个集合的容斥原理。

如果是3个集合的话，就是

｜A和B和C之和｜=｜A｜+｜B｜+｜C｜-｜A和B的共同部分｜-｜B和C的共同部分｜-｜C和A的共同部分｜+｜A和B和C的共同部分｜。

数了2遍的东西因为多数了，所以要从总和中减去它们。但数了3遍的东西，却由于多减了，这次需要加上。像这样将东西的数量加加减减，我们用到的就是容斥原理。也有n个集合适用的公式，但因为很复杂，这里就不讲了。

用下面的图来讲解一下3个集合的情况吧。

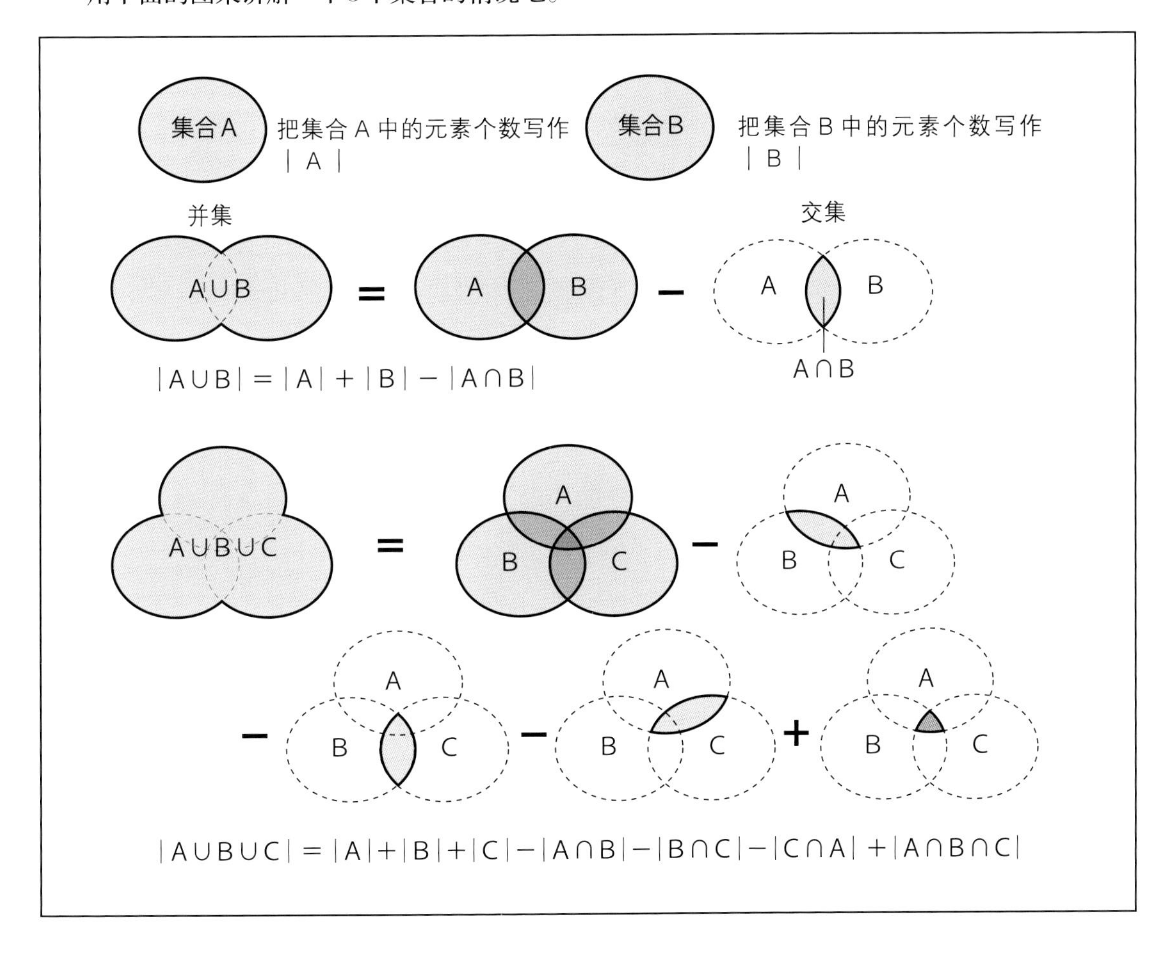

瀬山士郎

1946 年生于日本群马县。毕业于东京教育大学理学系数学专业。群马大学名誉教授，2011 年退休。十分关心下一代的数学教育工作。著作有《零起点学数学》《拓扑学：柔软的几何学》《最初的现代数学》《数学和算术的远近学习法》《计算的秘密》《面积的秘密》等。

中村广子

1952 年生于日本爱知县，是位自学成才的画家。作品有《足助故事》《很早很早以前，老爷爷的孩提时代》《做蔬菜吧！》等。

著作权合同登记号　图字：01-2019-7395

图书在版编目（CIP）数据

一共多少个？/（日）濑山士郎著；（日）中村广子绘；张彤译. —北京：北京科学技术出版社，2021.1
ISBN 978-7-5714-1125-1

Ⅰ. ①一… Ⅱ. ①濑… ②中… ③张… Ⅲ. ①数学－普及读物 Ⅳ. ①O1-49

中国版本图书馆 CIP 数据核字（2020）第169816号

策划编辑：荀　颖
责任编辑：张　芳
封面设计：沈学成
图文制作：沈学成
责任印制：李　茗
出 版 人：曾庆宇
出版发行：北京科学技术出版社
社　　址：北京西直门南大街16号
邮政编码：100035
ISBN 978-7-5714-1125-1

电　　话：0086-10-66135495（总编室）
0086-10-66113227（发行部）
网　　址：www.bkydw.cn
印　　刷：北京博海升彩色印刷有限公司
开　　本：889mm × 1194mm　1/20
字　　数：25千字
印　　张：2
版　　次：2021年1月第1版
印　　次：2021年1月第1次印刷

定　　价：39.00 元

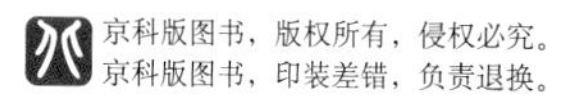